U0101782

山下有風

王谷神圖文集

王溢嘉——編

目次

序一 谷神的留白之美

王溢嘉

谷神最愛也最投入的是動畫，其次是攝影，寫作可以說只是他的「小三」。

他在臉書貼出攝影作品時，經常會搭配上簡短的文字，頗具特殊風格與趣味。在防疫期間，他的動畫工作不多，我們建議他也許可以利用時間多寫些文章，或嘗試圖文集的創作。

有一天，他傳給我們兩組文字：調酒系列與夢系列。似乎在預告他已有心想要開闢新的創作領域。我們正感到欣慰，鼓勵他再多寫一些時，竟然就晴天一個霹靂……

在接下來的日子裡，我經常瀏覽谷神留下來的數萬張照片（大多為手機拍攝），或長或短或殘缺不全的文字，一直在想要如何篩揀、整理，為谷神留下一點有紀念性質的東西。

後來，我又從他留下來的一則備忘裡，知道他其實也已開始圖文書的計畫，第一本圖文書要交代他的心路歷程，分「成長、茁壯、徬徨、回歸」四大篇，圖加文共一百八十篇。可惜的是，只看到這簡短的計畫，沒有進一步的發展。

我因而想，我也許可以為他完成一本圖文集，但無法照他原先的計畫，而只能就現有的圖文資料去整編。

　　我就以谷神傳給我們的調酒系列和夢系列為基礎，將這本圖文集分成幾個系列，谷神自選而貼在臉書上的圖與文，都盡量將它們放在合適的系列裡。更多沒有配文、也還沒有露過臉的照片，如有合適的文字，我也會為他做些搭配；不過大部分還是保持原貌。每張照片的標題，大致也是如此。

　　我自知即使是谷神的父親，為他編纂這本圖文集還是逾越了。因為我所能呈現的，只是我以為、而且還只是谷神人生與創作整體中非常局部、片段、枝節的一面。

　　谷神還這麼年輕，又離開得這麼突然，我在勉力完成這份工作後，只能說：這並不完整，就像谷神的人生。希望大家從中看到的是谷神提早離開後的留白之美與侘寂之美。

序二　生命的複眼

Jackie

　　轉眼間谷神已經離開將近一年。時而在臉書看見王伯伯PO的谷神圖文，他說話的神情還在眼前。還是彷彿覺得他還在。

　　詳細讀了谷神的圖文，就像望進一對昆蟲巨大的複眼。一格的小眼就是一格記憶，我看見的是記憶並置疊加，還散發著螢光。

　　某天我在與人說話，突然想起谷神的一個說話習慣，他會重覆對方說話的後半句，用那種很確實的咬字笑著說。你會覺得自己真的被聆聽進去。谷神走了後，我再也沒有遇到別人這樣做了。

　　重看這本書，谷神的聲音在我耳邊響起，我進入他的視野。他的眼睛像上好的鏡頭到處閃動，拍下照片，儲存檔案。谷神的攝影作品裡捕捉了各種不同的光，我覺得他實在敏銳，那些光依然活生生的，就像他文字裡的聲音一樣鮮明。

　　現在解禁，可以出國，坐在星宇航空看到谷神導的飛航安全影片，有他特有的童趣和淘氣，我忍不住想，要是谷神再多留

下一些時間，就可以出國旅行了。不過轉念一想，他現在已經自在輕安，無所不在了吧？

我查過有關複眼的事：由於迅速，它們豐富了昆蟲的世界，也加快了生命的腳步。「牠們占據的領域與我們的領域截然不同，不只牠們看到的影像清晰度、圖案與顏色與我們看到的不同，牠們對時間與空間覺知方式也與我們大不相同。」這也是我對谷神的感覺，也許他一直活在與別人不同的視界與速度之中。

我很感謝谷神留下的影像和文字。懷念這位好朋友。

序三　紐約・動畫・夢

　　2004年秋天，谷神是我在紐約的研究所同學，我們台大同年畢業，一個昆蟲系，一個地質系，竟然跑到紐約同間教室學習動畫。大家都笑我們倆，一個 BUGMAN 一個 ROCKMAN。這個組合就像影片開頭。

　　有天，課堂請來了如日中天的設計動畫公司 PSYOP 創辦人，跟我們分享他們的作品 drift。風格是摩登的東方山水畫，一開始人類吹散了蒲公英，錦鯉在水裡律動前進，轉場到飛上枝頭的鳳凰，鏡頭往地底有蠕動的小蟲，最後變成美麗的蝴蝶。優美的東方音樂配合流暢的動畫。谷神眼鏡在黑暗中反射出這些流動的影像，我們默默對看，他拍了一下手，噴了一句：「太強了！」

　　把這個情境定格，好像為我們的過去與未來下了註解。

　　從那天起，谷神就跟我說：「我想跟世界最頂尖的動畫師一起工作，也做出這麼美的作品。」我們開始以學校 LAB 為家，花大量時間學習各種動畫技術與知識。有天他歪著頭跑

來：「欸，昨天落枕，我連在夢裡都以為我是 3D 角色，嘗試用 MAYA 調整自己的骨架。」連作夢都在學習動畫的谷神，三個月內就變成全校角色動畫最厲害的學生，但他還是非常謙虛，到大學部旁聽、練習各種表演、隨時解決大家，甚至是教動畫老師的種種疑問。

　　當初，全美動畫師的夢想就是進入 PSYOP 這間位於下東城的頂尖設計公司，谷神也不例外。這家公司的 logo 是一顆蛋，裡面有隻手用滴管在餵食幼鳥，所以谷神主動做了一支惡搞 PSYOP logo 的動畫「鳥的五種死法」去應徵。他的幽默敘事立刻得到了公司注意，不但得到工作，還獲得紐約設計媒體大肆報導，開啟後來大家熟悉的谷神動畫人生。

　　還記得他說看到墾丁螢光蕈時候，光聽他講，就可以帶領每個人回到現場，腳下是社頂漆黑竹林綻放的那片悠悠微光，讚歎那片美景有多夢幻。但對我來說，印象最深的是他講述時像個小朋友，笑容天真，手舞足蹈的樣子。

可能是早年學習地質，熱愛昆蟲、天文，當過墾丁國家公園解說員，他看事情的角度跟別人很不一樣。想出來的腳本，調出來的動畫，都是洞悉自然本質後才轉化出來的谷神式幽默。他的感官特別敏銳，二十年來，每次跟他聊以前的事，他像裝有黑鏡裡面的那種耳下紀錄裝置，按下按鈕，就讓回顧的影像在你眼前。不只影像，連聲音、味道、觸覺好像都被他原封不動的還原。

我和谷神最後的訊息對話，還是在聊留學，聊紐約，聊創作。他說：「從前在紐約真的好快樂，我只想把作品做到更好。」我很慶幸記憶中有和谷神的珍貴時刻，而且這種時刻還有好多。

多到組成在我心裡最棒的動畫影片。

紐約＿＿2017＿＿＿＿＿＿＿＿＿

1
人間

山下有風

02 魚缸 ｜ 台北 2020 ｜

山下有風

不同族群，裝得再像也是無法融入，

——深夜與貓溝通，深談五分鐘，

話不投機，貓走了。

山下有風

你無法擁有任何人，也無法擁有人生中的一切。

你只能經歷，因此所謂得失心是虛幻的，

你既無得，又何來失？

文 │ 台北 2019

想辦法抓住生活中令人感動的時刻。

畢竟，一個令人感動的故事，都是先從感動自己開始。

　　每天上下班搭乘的 Metro North 火車上有一種相對而坐的座位，陌生人面對面坐著或許尷尬，但許多奇遇就在這裡發生。

　　上次目睹了 Broadway Show 小牌舞者在這座位上巧遇大牌製作人，今天一群看似 25 歲但實際上 18 歲的真年輕人主動

向一個看似 16 歲但實際上 30 歲的偽年輕人搭話，當然是從互猜年齡開始，之後天南地北亂聊，從求學到興趣到電影到音樂，聊到真年輕人今晚前往曼哈頓是要聽一場樂團表演。

聽到這裡坐走道另一邊手抓著枴杖的老頭忽然來勁，與年輕人們互相交換一些喜歡的樂團和歌手，老頭聊得興起，說自己是作曲家也是指揮家，從前得過葛萊美獎，真偽年輕人聽到都嗨了，老頭還說可以上 wikipedia 查他。

邂逅得太晚，火花剛迸出，火車就到站了。真偽年輕人們和老頭熱情道別，他們卡在走道上依依不捨，我只好默默從另一邊下車。來得突然，走得輕巧，神奇的火車，神奇的城市。

話說 2013 年奧斯卡最佳動畫短片《Paperman》的故事也是導演坐 Metro North 時想到的。

而我呢，只有在中國城四菜一湯餐廳巧遇墨西哥廚師教我怎麼用手掌不同部位的軟度來判斷煎牛排的熟度。

再走下去，就會遇見河馬哦。

12 夜裡一截彩虹忘了回家 │ 台北 2020 │

山下有風

因為你把「定義價值」的權力交到別人手中，
讓自己像浮萍飄盪，任人擺佈。

文｜台北 2020

百年不變的畫面。

山下有風

山下有風

殯儀館樓上住了一位盲伯伯。盲伯伯每天會在差不多的時間下樓到對街小餐廳吃飯，我差不多都在太晚出門要趕不上火車的日子碰到他，差不多就在早上 8：12 左右。

　　盲伯伯過街需要聚精會神，耳朵辨析路人跟來車，腳底感受周圍腳步震動，輔助棒探測路途中的異物，就像用觸角敲擊樹幹的機警螞蟻。

　　十次中大概有七次會有人帶著盲伯伯過街，有時是出門購物的大媽，有時是慢跑途中的女子，有時是在附近散步的奶奶，也好幾次看到小餐廳女店員牽著他走。

　　在看到盲伯伯獨行的日子裡，我好幾次想上前牽他，但總在最後一刻退縮，因為我不小心立下了只有女生能牽盲伯伯的規則。

　　而今天有人敲碎我心中的無用規則，碎片化成螞蟻，爬上我的腳，敲呀敲，試探著我。

　　盲伯伯是否老早就聽出我腳步聲中的遲疑？？

山下有風

不簡單，大便時依然好學不倦。

基因裡有一個機制叫「回家」。

不論你是扛一個體重 800 倍的獨角仙，

或是花四小時吃一些不知所謂的食物，

你還是知道怎麼回睡覺的地方。

01　在去上班的路上 ｜紐約 2013｜

註：谷神在美國東岸最大的動畫公司 Blue Sky 上班時，每天都要搭地鐵到中央車站，再換火
　　車到工作室。中央車站是他那段人生的一個入口，也是出口。

第 2217 次來中央車站，

天頂那塊被煙燻黑的磚還是沒清，

而我還是要面對海星人。

中間窗子的耀光沒有置中，要再往左 1 步，
但左邊有人卡位了，不走就趕不上火車。

週週要出水。現場環境光其實夠亮，
而且鐘裡面有燈，是會發亮的。

山下有風

紐約___2017_____

3

生活

聽了一首歌，回到 SVA 學生宿舍。

Lexington Ave 與 23 街交口的 George Washington，過去似乎是個大旅館，進大門後兩側的環狀紅毯樓梯，不難了解它過去擁有的輝煌。

樓梯通往二樓挑高的大廳，Ball Room 變成國際學生辦公室跟學校火力展示的期刊架。

旅館裡住了很多 SVA 收購前的老住戶，六七十歲的老阿公老阿嬤，可能以舊時代的價格續租。不了解為何這些奇怪的亞洲人，一個月要付 900 美金住 80 sq ft 的小小房間。

有時在走廊上相遇，還是能看出他們老紐約人驕傲的眼神。

小房間只住了一個學期，發生好多事，馬桶上煮咖哩飯，頂樓奇怪的人體素描。

第一次感受到鬼壓床也是在這裡，夢中還在想，哎呀，我是不是 rigging 哪裡做得不對了，為什麼身體不能動了？

文｜台北 2021

02　藍天的路口 ｜格林尼治 2018｜

右轉之後，會記得這棵小樹的。

文｜台北 2021

註：在格林尼治的藍天工作室為谷神 2011-2018 年上班的地方。

通勤的日常 ｜ 紐約 2016 ｜

山下有風

泛白的視線 │台北 2021│

　　曾經，海外流傳著一套男子料理食譜，教導男子如何利用海外食材做出口味熟悉的餐點以解鄉愁，或是在週末做出歡樂料理忘掉一切煩惱。

　　其名之盛，連不煮飯的人都知道「滷肉要加可樂」。

食譜向來傳朋友不傳學弟，涇渭分明，我只能期待在芝加哥的姊夫能爭取到這份食譜再傳給我，不料姊姊太會煮，讓姊夫對男子料理一事嗤之以鼻，男子間的信仰與信任就此崩壞。

　　最後我只能就著「滷肉要加可樂」的概念自由發揮，今天風大，有種在國外的危機與不安感，真是個回味海外男子料理的好時機。

◆　臉書問答集

其實你姊夫也是會很多男子暗黑料理的啦！像是不死雞湯⋯⋯

想知道不死雞湯是什麼？

一鍋雞湯 reheat 二十遍啦！

文｜台北 2019，圖為谷神烹調之滷肉

5：51 分，又是從前每天下班坐 shuttle 的時間，
接著轉 6：24 分的 Metro North 回中央車站，
要去日超採購呢，還是去 Chinatown 買便當？

文｜台北 2019

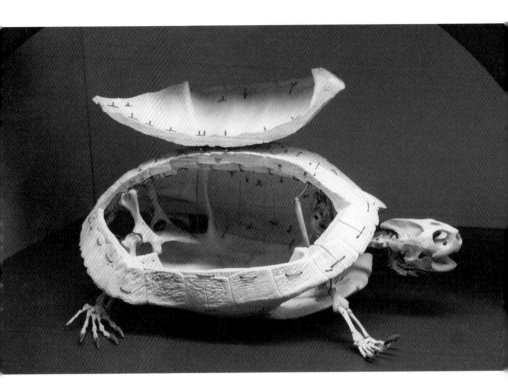

生命沒有意義，沒有不代表零，代表空，

正因為生命沒有意義，所以你賦予它什麼，它就是什麼。

你是自己命運的主宰，一切操之你手。

文│台北 2019

山下有風

肉雞從蛋孵出來到長大到做成肉製品，

完全像工廠生產線一樣，

他們長得很快，長很多肉，

但他們也長得很畸形，長得很痛苦。

反正最後肉雞變成一盤炸雞或烤雞這樣，

就是變成一個大家都知道很便宜很爛的食物。

……人的部分，

唯一的鏡頭就是地鐵裡塞了滿滿的人。

文｜與母親 skype 筆談 2016

三個月交織的血與汗，多少夜晚 conference call 到半夜三四點，請假請到 vacation hour 變 –18，現在回顧一下還不敢相信真的已經完成，推出了才是真正的結束。

超感謝夢想動畫跟羊王創映全力支持配合。

林俊傑 # 丹寧執著 # 消除聯萌 # 夢想動畫 # 羊王創映

註：此為製作林俊傑〈單寧執著〉動畫 MV 的一個場景。

解脫 | 台北 2020 |

關在家工作幾天，電話都不接。

該出門喝兩杯了。

註：此為谷神住處的樓梯間。

山下有風

回台灣之後第一支為台灣導的片子，

很幸運受夢想動畫之邀而有機會參與，

一年間經歷無數溝通協調，撕裂拉扯，

終於從迷霧中的沼澤裡爬出來，撥掉身上的水蛭，

我們跟著夢想，一起突破大氣層。

夢想動畫 × 視覺特效 MoonShine vfx

大於製作

大禧堂 Daikido

星宇航空 STARLUX Airlines

我習慣在各種不同溫度下，品飲一杯咖啡。

從熱的時候喝到全涼了，喝完再聞空杯中的香氣，

完整體驗一杯咖啡的一生。

文｜台北 2021

山下有風

一切都已不熟悉，但輪胎終於吃土了。

註：這是谷神 2004 年赴美後，返台首次與友人騎越野車出遊。

山下有風

忙了一整天，就為這一盤。

終於回鄉了，累牛滿面。

一秒回紐約 # 白醬紅醬全都自己做

我的記憶像是錄影帶，

可以完整回放過去一些事情的經過，

但就像錄影帶一樣，放太多次最後就消磁了。

有時候我會明確感受到這是我最後一次使用這段記憶，
那到底是該放還是不該放？（所以應該寫日記）

文｜台北 2022

我的很多靈感都是坐地鐵或公車時想到的，
所以沒事時就坐著四處瞧瞧。

文｜好有格訪談　紐約 2016

願景 ｜芝加哥 2005｜

你的願景有多大，就決定了你的成就能有多大。

文｜台北 2019

山下有風

4

台北___2019_____

調酒

　　有一種醉叫分離。分離不是道別，它比道別更難以捉摸。分離是帶點熟果味的，甜膩不討人厭，而道別帶著木質味，木已成舟。

　　陽光斜照，飛揚的塵土形成金色的紗，汗水，喘息，血壓，

專注，這是鬥牛場。

初登場的鬥牛士很平靜，直到與牛相視的那一刻。

牛是那麼美麗，牠的眼像雨後竄出的小白蕈般純淨，毛髮如同海的波浪，蹄是新生的竹筍，肌肉清晰像山線。

鬥牛士看得痴了，放鬆手腕的肌肉，牛有點警戒，一撥蹄，激起一點沙，一陣風吹過來，風中著帶著煙燻味。觀眾吶喊，各種情緒滲進了空氣，酸的，甜的，苦的，鹹的，一層層壓進場中。鬥牛士喘不過氣，有一點暈眩，牛看出破綻，衝刺後把鬥牛士拋入空中，鬥牛士已經忘了為什麼要上場，這時他只覺得自己躺在綿密的泡泡裡，什麼都不重要了。

短暫的交會，鬥牛士落下，牛走了，雖然就此分離，而陽光留下了，血腥味留下了，汗水留下了，風留下了，激情也留下了，都留在這杯酒裡了。點一杯血與沙，我喝了一場鬥牛。10 分鐘後就要分離，但我知道我們可以再相會。

文｜台北 2019

被一劍插入心裡時，我會選擇來杯馬丁尼，而且是 super dry 的馬丁尼。不加橄欖，不加橄欖汁，不灑檸檬油，最純粹只有 Gin 跟 Dry Vermouth 的馬丁尼。

　　Gin 要冰，Dry Vermouth 要冰，混合調酒杯要冰，高腳杯要冰，是阿拉斯加的那種冰，是格陵蘭的那種冰。Gin 的選擇各異，看這把劍是快樂，難過，還是悲傷，可以搭配花香柑橘

葡萄柚味的，微甜微苦帶著浪潮鹹味的，或是一片空白的。

　　Vermouth 則是嗓門的音量，你可以決定你想多大聲地提醒自己當下的感受。還能選擇男聲，女聲，甜美，柔和，充滿活力的，很棒對吧？

　　最後的關鍵在調酒師的功力。冰塊狀態，大小形狀堆疊，攪拌方式、速度、攪拌匙高度，都會影響冰塊融水量與酒的溫度。實際上馬丁尼不只是 Gin 跟 Vermouth，融水量才是其中的靈魂。

　　發霉卡帶放進磁頭生銹的錄音機，再從線圈鬆掉的喇叭放出來的音樂，這是融水太少的馬丁尼。電影級杜比 7.1 聲道音效，但與你相距 100 公尺，這是融水太多的馬丁尼。

　　最完美的馬丁尼，是有個人站在你面前，對你唱歌，對你細細說話，你可以閉起眼睛，享受這一刻。

　　我現在想來杯一片空白的，柔的馬丁尼，聽她小小聲地對我說我該做的事情。

文｜台北 2019

Negroni 是一隻卑鄙的蝶。

都養過蠶寶寶吧？胸上的假眼黑斑，頭上的六個單眼，腹足黏在手指上冰涼微癢的感覺，每秒三次啃食著擦乾的桑葉是為了排出深綠色的可麗露。幾經蛻皮後成為肥大如指的巨物，結繭化蛹，將自己溶為液體，過去的失敗憂愁悲傷通通注入蛹殼裡，蛹內的液體重新得到純粹的本質，還擁有新的時間。

液體稍微用力地攪動著，微微出汗，因為一切值得你歸零重新計算。可惜蠶寶寶還是蠶寶寶，就算吐出 Negroni 色的汁液，破繭而出的是隻蠟白色的蛾，失去飛行能力的蛾，奮力振翅下的龐大身軀無法想像飛行的快感。

這是杯暗夜生無可戀的 Negroni，只剩下絕望的苦味。我曾喝過一杯這樣的 Negroni，哪裡喝的就不說了，等你生無可戀

時再告訴你。

好的 Negroni 是隻能在陽光下閃耀飛翔的蝶。同樣的比例，你永遠不會知道你會得到哪種蝶。Gin 是幼蟲，Campari 是食草，Sweet Vermouth 是生存環境，攪拌是化蛹狀態。

你可能喝到酒味衝出來的刺口蛺蝶，小家碧玉的溫順粉蝶，口味混淆無法捉摸的小灰蝶，大器穩重的斑蝶。

最棒的還是鳳蝶了，肥美的幼蟲，受刺激時觸角釋出的味道是那麼俐落飽滿，Campari 養出的港口馬兜鈴，甜中帶苦，Vermouth 提供了樹林深處的安穩角落，沈靜溫暖。

在蛹中，緩緩地，緩緩地拌著，不能讓左前肢長一點，也不能讓右後翅大一些，一切都要均衡。當條件具備了，你會看見最棒的珠光鳳蝶，那麼張揚，那麼立體，那麼引人注目。當珠光鳳蝶在斜陽灑落的林間飛行時，光線穿過葉隙打在翅膀上，每一次振翅都閃出一次亮光，奪目的色澤，你已經分不清是蝶還是什麼了。這才是 Negroni。

文｜台北 2019

　　友人 E 有一陣子瘋狂迷戀盤尼西林，最高紀錄一個禮拜喝五天，一次最少喝兩杯，簡直比吃飯還勤。我身為推友人入盤尼西林火坑的職業醉漢，對這種表現多少感到一絲欣慰。

　　服用盤尼西林時必須小心，特別是初次使用者，你可以靠近

杯緣先輕聞一下，不是醉漢級的酒客往往推開杯子大叫「你幹嘛要我喝征露丸藥酒！！」的確，這杯宛如柳橙汁清新可愛的黃色液體充滿陷阱，表面漂浮了一層蘇格蘭艾雷島泥煤味威士忌，泥煤氣息直衝入你的鼻腔，滲入你的回憶，你回想起診所裡那害怕打針在哭鬧的孩子，跟當時診所飄散的藥水味，或是夏天中暑烙賽痛苦不堪而服用的軍用征露丸。

無害的外表搭配悲情的回憶，盤尼西林的旅程才剛開始。

根據最正統的喝法，吸了泥煤味後請一口氣喝下 1/3 杯的分量。穿越天頂泥煤雲層，下方的蘇格蘭調合威士忌是棵大樹，枝椏上棲息了雀躍的檸檬，薑汁與蜂蜜，雲層雖然遮住了陽光，但只有在陰天光線充分漫射時你才能看清所有細節而不受陰影干擾。

大口喝下才能喝到所有的成分，舌頭上的體驗是精采的，調合威士忌的醇，檸檬的酸，蜂蜜的甜，艾雷島威士忌的苦，薑汁的辣，多種口味與口感一次在你口中炸開。別忘了剛剛吸入

的泥煤味，泥煤味與所有口味在口腔後部融合後，再次炸開。

　　一杯視覺，嗅覺，味覺完全分離的調酒，終於在這裡完美結合。多種願望一次達成，比健達出奇蛋還厲害，我了解到什麼叫五味雜陳，百感交集。

　　職業醉漢不會在這裡就滿足，一旦開始玩起家庭調酒，世界就不再是原本的世界了。現磨薑汁，現榨檸檬汁，新鮮蜂蜜只是最基本的，基酒選擇千變萬化，目前覺得 Johnnie Walker Blue Label 加上 Laphroaig Quarter Cask 1L 老酒的組合相當不錯。以搖盪的方式製成，把空氣打進酒裡，倒出後表面要有一層綿密細緻的氣泡。終極盤尼西林之路，永無止境。

　　藥廠盤尼西林有成分控管，但酒吧盤尼西林的口味則是各說各話，想喝真正好喝的盤尼西林，請找職業醉漢帶路。

文｜台北 2019

5

紐約___2017_____

城
市

山下有風

山下有風

04　船屋 ┃ 東京 2018 ┃

山下有風

山下有風

山下有風

山下有風

山下有風

15　下雪 ｜紐約 2018｜

山下有風

山下有風

6

台北___2020_____

夢

節肢動物 ｜紐約 2018｜

　夢境的場景，終於來到 15 歲之後居住的家裡。

　夢裡不知從哪得到一口箱子，內容物倒出來全是各式節肢動物，大小各種彩色的螃蟹，步行蟲，一些會飛的瞬間就逃竄了根本來不及看清。

我注意到其中混了一隻巨大的鍬形蟲，才剛羽化，頭部跟胸部已經稍微硬化了，但腹部的鞘翅還是白色的，是全軟的。我馬上把牠拿到旁邊的櫃子上放著以免被螃蟹夾傷。

鍬形蟲的大顎長且圓，判斷應該是鋸鍬形蟲科，牠的腹部還腫脹，維持蛹態的樣子，牠忽然從腹部擠出一些汁液，隨著汁液排出腹部開始縮小，鞘翅也慢慢硬化。

在等待鍬形蟲羽化完成的過程中我去看那些螃蟹，都是陸蟹，留下幾隻沒跑掉的，色彩繽紛，身上是白色的底掛著五彩顏色，比一些紫地蟹還好看。

最奇妙的是只要一碰牠們，牠們身體會瞬間膨脹變成塞滿一個方型盒子的狀態，然後漸漸消氣恢復原本的樣子。

玩完螃蟹後再回頭去看那鍬形蟲，原來完成體是長頸鹿鋸鍬形蟲啊！夢境裡的好奇已被滿足，接著就醒了。

文│台北 2022

山下有風

雙腳在棉被裡游移之際，我作夢回到了 Williamsburg。

第一件想做的事是去 Grand St 跟 Bedford Ave 交口的 Deli 買一碗奇怪的韓國泡麵，第二件想做的事是去 Joe's Pizza 買一片 Plain slice，要灑滿乾辣椒。

回程可能去 Whole Food 買一罐牛奶。

忽然夢醒，睜開眼睛，看到我在台北的衣櫃，想了 5 秒，我怎麼會在這裡？

文｜台北 2022

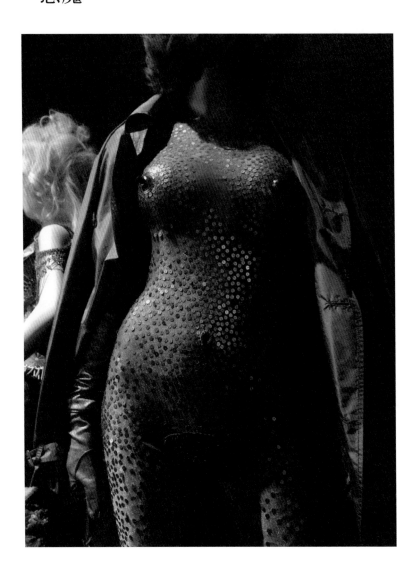

山下有風

夢到惡魔誕生，

婦人肚子裡竄出一顆灰紫色的頭顱。

逃命的同時，竟然對惡魔說：

「鏡頭合成好後，請記得上傳唷～」

文｜紐約 2018

山下有風

經歷了一種非常特別的作夢經驗：

因為睡眠品質很差，作很多夢，

睡不到一個小時就醒來，睜開眼幾秒鐘再睡著。

都說故事要從第二章寫起，夢中也沒在手軟，

東搞西搞打打殺殺，眼睛睜開後看到我的衣櫃，

喔，我還在這裡嘛！

閉上眼又開啟另一個故事，

一個晚上可以看六七個故事。

最喜歡的其實是：

不需要思考就能自動產生劇情的過程，

然後一天變得很長，因為夢中要過另一個人生。

文｜台北 2022

山下有風

剛剛我作夢，夢中有人的塑膠玩具車燒起來了。

冒出濃煙，出現燒塑膠的刺鼻氣味，味道很鮮明，

跟小時候燒塑膠的味道一模一樣。

距離上次夢中聞到氣味大約已過了 10 年，

喔對，現實中沒有人在燒塑膠或生火，

我是被彩色大便殭屍攻擊才嚇醒的。

紀念夢中再次出現嗅覺。

文｜台北 2019

我作了一個整夜失眠的夢

02：51 雨累了，哭聲漸漸平息

04：33 鄰居的碗盤開始細聲交談

05：25 包子店的蒸爐轟轟作響，包子饅頭們正在羽化

05：27 路燈睡了，蝙蝠還是追不到蚊子

05：31 河邊的路聽雨一夜訴苦，有點疲憊

05：32 喜鵲跳躍著帶領我，牠翅膀上的藍沒有一絲猶豫

05：35 夜鷺俯衝時身體急扭 120 度，以為牠就要側翻成功

05：42 28 隻非法集會的八哥，看到我，一轟而散

06：02 無齒螳臂蟹喝多了，發生車禍

07：14 我嘗試著醒來

文｜台北 2019

山下有風

作了一個夢，我化身為巨大的肉蟲，在林間徘徊，

已經達到五齡的程度，準備化蛹了。

我想著我是要吐絲結繭變成蛾，或是直接化蛹變成蝴蝶？

（自然界當然不是這樣，蛾就是蛾，蝶就是蝶，沒有選擇）

最後我選擇直接化蛹想變蝴蝶，肉蟲化了一個蛹，

我還想著想成為鳳蝶，但忽然發生森林大火，

一切都燒掉了。

文｜台北 2022

山下有風

最近常夢回紐約。

一次是下班後搭 Metro North 回城，

不知為何來到 Financial District 的一個超市想買熱食。

超市裡ㄇ字型的平面分佈覺得很熟悉，

過去好像常來，但這地方根本不存在。

繞了一圈還沒決定好要買什麼就醒了。

一次是回到威廉堡騎著單速車遊蕩，

滑下像舊金山一樣的山路，之後在海的另一邊回望，

覺得這山城真美，但威廉堡根本是平原。

後來想去 N7 以北的咖啡店買 Latte，

但比較好的咖啡店明明都在 N7 以南。

走在 Bedford Ave 上，人很多，陽光很舒服，

走著走著，就醒了。

文｜台北 2021

6 夢

　我的夢中常會出現一個固定的節點，三個連著的店面。

　一家老酒吧，一家老日本料理店，一家新鮮食材店。

　老酒吧從前走進去過，要上樓，木質的階梯，樓梯間帶著一點點陳舊的灰塵味，很舒服。推開低調的門，找個窗邊的位子

坐下，能看到海。

這個夢還沒有點酒就結束，很可惜。

今天走進新鮮食材店，主打的竟然是甲殼類！品項組合有點奇妙，有淡水長臂蝦跟一種藍色的潮間帶方蟹。長臂蝦是好吃的不用說，但方蟹一般是不會有人吃的。

方蟹用特殊的方式剝開背甲，眼睛跟口器還留在身上，內臟與鰓依然立體清晰，帶著一點水，加上窗外照進來的光，形成一圈美妙的 rim light，就視覺表現，要說這東西不好吃會讓人不容易接受。還來不及看其他東西，女店員招待我吃一個小菜，就醒了。

文｜台北 2019

作了一個釣螃蟹的夢。地點應該是在之前夢到的新鮮食材店後門。

木頭階梯向下延伸，底端有個木製小平台，能直接面向大海，大海的顏色跟之前在食材店裡透過窗子看到是一樣的。

小平台上已經有兩位釣友，我不認得但在夢中好像很熟，他們遞給我一支釣竿，說要釣螃蟹，我不疑有他，勾上像烤牛肉一樣的餌，他們說要往遠方甩，我有點疑惑，螃蟹是底棲生物，在開放性大洋的表層能釣到什麼？

想不到我甩竿後瞬間釣起一隻青蟳，那青蟳大概是一般處女蟳大小，沒有到沙公那麼大，但這不是大洋嗎？潮間帶螃蟹怎麼在這裡游泳？兩位釣友很開心，覺得等一下有東西吃了，我發現他們什麼也沒釣到。

我決定把釣餌放到腳下的石縫間試試。果然哪裡的螃蟹都是一樣的，石縫間馬上冒出一堆爭食的傢伙，品種不可考，畢竟是夢裡的生物，但有一種我相信是白化版的史氏酋蟹，

全身白色，只有肢端是黑的，同樣兇狠無比，而且長得跟人臉一樣大。

我跟兩位釣友說這些蟹難吃，別抓了，他們有點失落。我發現轉角的長凳跟牆間的縫塞了一隻裝在塑膠袋裡被壓碎的沙公，背甲超過 30 公分，眼珠依舊水靈透亮，被壓碎應該是 30 分鐘內的事，不知道是誰抓的。

這時兩個穿白襯衫的高中生少年邊打鬧邊闖入平台，我知道他們是等公車期間進來打發時間。其中一個少年斷了兩臂，他說他的手臂能再生，就像章魚或螃蟹一樣，我相信他，我看到他手臂底端新生出的肉芽有點羨慕，這是我小時候最想要的能力之一。

斷臂少年愛炫耀，說他要去做一個一比一等身大的人形立牌，當然手臂是完整的，當女朋友想抱他時抱人形立牌就好了。我覺得這想法很蠢，一腳想把他踹入海裡，但他被欄杆擋住，笑個不停，似乎樂在其中。覺得他開心得有點過分，於是我醒了。

文｜台北 2019

紐約＿＿2017＿＿＿＿＿＿＿＿＿ 7

心
情

寂寞源於自我價值的缺失。

寂寞者最大的問題在於：他從頭到尾都搞不清楚自己要什麼。

文｜台北 2019

問問自己想成為怎樣的人吧！

文｜台北 2019

山下有風

餐桌上的貓頭鷹巫婆。

星期一上班的心情，錯綜複雜。

願意把自己最脆弱的一面分享給你，代表的是信任。

山下有風

正因為無失無得，所以請珍惜你正在經歷的每一刻。

包括你的每一個微小情緒。

文｜台北 2019

好奇焢肉飯上面空著兩格原本是寫什麼。

一旦你清楚自身的價值，就不用再倚靠別人的認同。

文｜台北 2019

11　疙瘩 ｜紐約 2017｜

山下有風

回憶，從來就只是把手裡的不求人，

搔搔你抓不到的癢處。

搔到了又如何？止癢了，出血了，結痂了，

也改變不了有個疙瘩的事實。

搔癢這件事必須得忍住，

只能在費氏數列的年分給予滿足，

否則將無法掙脫這個漩渦，

不求人其實還比不上個電蚊拍，

電蚊拍主動出擊能體會電爐烤肉的香氣。

而不求人只能被動地摸索疙瘩的高低起伏。

文｜台北 2019

我該說它很熱鬧嗎？

怎麼都在奇怪的時間公休。

14 荒涼 │台東 2020│

山下有風

愛自己是知道自己想成為怎樣的人，

然後努力的往那個目標邁進，最後自己才會尊敬自己。

文｜台北 2019

吹著今天的熱風，我想起巴塔哥尼亞高原。

旅行多日已露疲態，決定不參加搭船看浮冰的行程，

改為在旅館裡廢一天。

中午到了還是得出去覓食，

選了一家評價不錯步行可達的餐廳，吃什麼已經不太記得。

記得的是移動中經過一個小公園，紅磚鋪的階梯，

階梯旁在巴塔哥尼亞著名熱風吹拂下狂奔的小草，

烈日中汗水還來不及流出就蒸發的皮膚。

抬頭一看，一片 30 公尺高的樹林，

在強風中搖頭晃腦還挺自在。

飯後隨意撿了幾個南美的松果與橡實，挺好。

文｜台北 2021

註：這是從谷神租屋處的樓梯往下拍。在基督教裡，Limbo 指的是位於天堂與地獄之間，非基
　　督徒的正派人士靈魂的棲息場所。

18　銀杏 ｜紐約 2017｜

銀杏也該轉黃了。

文｜台北 2019

我不怕探險，我只怕被狗咬。

有時候，身處寂寞中是一種享受。

文 ｜ 台北 2019

8

結
構

理工的背景使我對事物本質與發生的原理較有興趣。

文｜台北 2017

山下有風

註：這是一家金屬工廠內的鐵管跟軸心。

山下有風

04　破碎的小行星帶 |台北 2021|

註：此為華山文博會的一個角落。

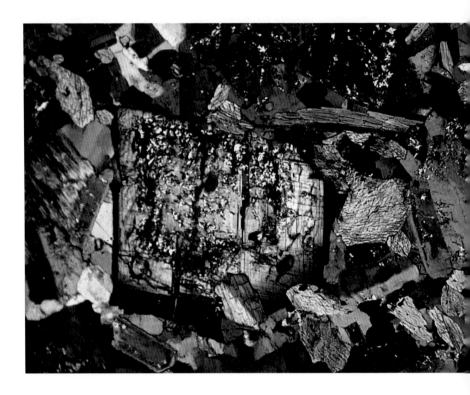

這是顯微鏡下的岩石薄片。

註：谷神回台大地質系館。

山下有風

老朋友有孔蟲，有點懷念從前挑沙的日子。

有孔蟲分類學期末考是在顯微鏡下翻圖鑑辨認一盤沙子

11 無題 |台北 2021|

山下有風

9

五峰___2019_____

自
然

雖然現在陰天，其實今天的日出還不賴，

一旁的松鼠和野戰的蝸牛們與我共享了。

樹枝後面有隻葉蟬，跟唧唧叫的蟬是親戚。

03 猴板凳 |格林尼治 2016|

◆ 臉書問答集

好吃嗎？

可能要問猴子。

那幫我問問看。

04 Secret spot and ironed cloud ｜尖石 2022｜

我弄錯了，

原本以為是大黑豔蟲，後來發現觸角不對。

金龜子科的觸角都是扇狀的，

原來這隻是大葫蘆步行蟲，難怪跑很快。

是說黑豔蟲的大顎也不會那麼長，

只靠一瞬間判斷，還是有很多死角，

特別是忘了重要的地方。

山下有風

山下有風

原來公司旁邊有盲蛛大軍。

Chicken in the wood

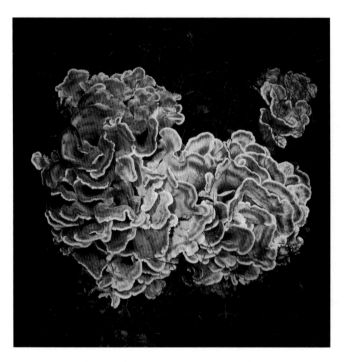

這叢香菇比我的頭還大，

中文不知道該叫什麼，難道是「木雞」？

據說可食用，味如雞肉，故得此名。

山下有風

來北美 13 年，第一次見到本地鍬形蟲（Dorcus Parallelus）。

這大鍬小得真可愛，如果台灣的大鍬是 21 噸卡車，

這隻差不多是 Dio 50。

山下有風

其實，寒武記，三疊紀，侏儸紀，白堊紀，第四紀⋯⋯

天上的雲看起來，都是一樣的吧？

夜裡黃沙滾滾的河岸有一隻竹節蟲。

平衡 |阿根廷 2016 |

拉高眼界，擴大格局，學會承擔
著重系統的平衡，而非個人的悲歡

文｜台北 2019

洞穴探勘

山下有風

夜涼如水，一行人把燈全關了，只剩下不絕於耳的滴水聲。眼睛適應黑暗後，襯著星光，依次浮現步道，泥土，姑婆芋，過山香，還有背後的珊瑚礁岩壁。我看出這裡是墾丁社頂公園的小裂谷出口。

特別選在大雨後夜探社頂是為了拍螢光蕈。螢光蕈是一種很小的蕈類，蕈傘直徑只有 1 公分，白天是朵不起眼的灰白色小香菇，夜裡會發出綠色冷光，亮度很低，你一定要用力把瞳孔放到最大才能看清楚蕈傘上的紋路。

螢光蕈為什麼要發光還沒有定論，據說是為了吸引昆蟲啃食來幫忙散播孢子。幾次探勘已經鎖定一個螢光蕈聚落，這次帶足裝備，測完光推算出 ISO 100 的 E100VS 在 F4 的標準曝光時間要 20 分鐘，安全起見以 10 分鐘跟 40 分鐘包圍兩張，同一個畫面拍 3 張得貢獻一個小時以上的生命，希望值得。

按下快門接著是漫長的等待。同伴們為了不干擾我已經四散而去，一小時的時間我可以與黑暗與天地共處。螢光蕈自在地

發著冷光，一切都安靜下來了，流水聲漸漸清晰，皮膚感受到空氣的震動，我脫下涼鞋直接踩著地面，水氣從我的趾尖滲入，我的意識開始與大地連接。

水中的喀啦喀啦聲，是黃灰澤蟹們在爭食嗎？大雨過後往大峽谷的叉路交口會積起一池水，現在多半有一條龜殼花在等待大意的斯文豪氏赤蛙。小裂谷岩壁上的洞穴住滿了竈馬與高腳蜘蛛，互不干擾，兩不相欠。背著非洲大蝸牛空殼的陸生寄居蟹依然奮力爬行，芒草間的大剪蟴正清理著觸鬚，我想起之前為了拍大剪蟴的臉，得忍受身上同時被 20 隻蚊子叮的情形，拍完一陣頭暈，貧血了。

黃裳鳳蝶的蛹內部高速運轉著，如何從毛蟲變成蝴蝶，牠不知道，但牠做得到。小雨蛙已經順利產下下一代，透明的，滾著金邊的小雨蛙蝌蚪，根本是外星生物，牠還不知道自己長大後這麼小的身體怎麼能發出那麼大的叫聲。津田氏大頭竹節蟲在林投葉縫間安穩地睡著，有多安穩？牠的煩惱只有別人的一

竹子的手與斑卡拉蝸牛

半，只需要想辦法填飽肚子，不需要擔心生下一代，因為牠能孤雌生殖。一些沒機會在野外看見的物種，趁著神遊時趕緊拜訪一下，南仁山的百步蛇，不知道在哪的椰子蟹，活生生的毛足圓軸蟹，大家都好嗎？

　　現實中樹叢裡傳來的一陣窸窣聲打斷我神遊，從那聲音判斷，竟然是大型動物。一轉頭只見兩隻台灣水鹿從山坡上走下來，我看到牠們，牠們也看到我，雙方對到眼，立刻靜止，宛如化石，那距離只有 6-7 公尺。情況其實有點緊張，身為台灣最大的鹿科動物，成熟雄性水鹿可以長到 200 公斤重，可比相撲力士。這兩隻雖然還未成年，但想想青少年橫衝直撞的個性反而更讓人擔心，發生什麼事我只有被撞飛的分。

　　緊張感從山坡上傾洩而來，斷絕一切聲音，風吹過來，只留下髮絲飄動的感覺，黑暗中兩邊這樣十多分鐘，就著模糊的影像揣摩對方想法，最後年輕水鹿們先做了決定，甩甩耳朵，原路折返，消失在林間。極度緊繃後的放鬆會讓人恍

螃蟹

神，稍微恢復後，我猜牠們大概把架著相機的腳架當做奇異生物而不敢妄動。

　　第一張螢光蕈的照片曝光完成後當機立斷，剩下兩張照片改用光圈 2.8，一半的時間速速拍掉。招回同伴，收拾裝備下山。螢光蕈拍得怎麼樣也不重要了，我會記得這星空下水氣間冰涼涼的奇妙夜晚。很美麗的地方，尤其深夜。

註：很遺憾，我們沒有找到谷神當年拍的螢光蕈照片。

看世界的方法　230

山下有風
王谷神圖文集

文字、攝影	王谷神
編　　者	王溢嘉
裝幀設計	兒日設計
責任編輯	魏于婷

董 事 長	林明燕
副董事長	林良珀
藝術總監	黃寶萍
執行顧問	謝恩仁

社　　長	許悔之
總 編 輯	林煜幃
副總編輯	施彥如
美術主編	吳佳璘
主　　編	魏于婷
行政助理	陳芃妤

策略顧問	黃惠美・郭旭原・郭思敏・郭孟君
顧　　問	施昇輝・張佳雯・謝恩仁・林志隆
法律顧問	國際通商法律事務所／邵瓊慧律師

出　　版　有鹿文化事業有限公司
　　　　　地址：台北市大安區信義路三段106號10樓之4
　　　　　電話：02-2700-8388｜傳真：02-2700-8178
　　　　　網址：http://www.uniqueroute.com
　　　　　電子信箱：service@uniqueroute.com

製版印刷　鴻霖印刷傳媒股份有限公司

總 經 銷　紅螞蟻圖書有限公司
　　　　　地址：台北市內湖區舊宗路二段121巷19號
　　　　　電話：02-2795-3656｜傳真：02-2795-4100
　　　　　網址：http://www.e-redant.com

ISBN：978-626-7262-14-6
初版一刷：2023年5月
定價：600元

版 權 所 有 ・ 翻 印 必 究

國家圖書館出版品預行編目(CIP)資料

山下有風：王谷神圖文集 / 王谷神文圖.
-- 初版. -- 臺北市：有鹿文化事業有限公司, 2023.05
　面；　公分　-　（看世界的方法；230）
ISBN 978-626-7262-14-6(平裝)

1.CST: 攝影集

958.33　　　　　　　　　　　　112003377